David Riek

Der Jochbergspeicher. Die landschaftsästhetische Frage eines Pumpspeicherkraftwerks

GRIN Verlag

Bibliografische Information der Deutschen Nationalbibliothek:

Die Deutsche Bibliothek verzeichnet diese Publikation in der Deutschen National-
bibliografie; detaillierte bibliografische Daten sind im Internet über http://dnb.d-
nb.de/ abrufbar.

Impressum:

Copyright © 2013 GRIN Verlag GmbH
Druck und Bindung: Books on Demand GmbH, Norderstedt Germany
ISBN: 978-3-656-72237-3

Dieses Buch bei GRIN:

http://www.grin.com/de/e-book/278347/der-jochbergspeicher-die-landschaftsaes-
thetische-frage-eines-pumpspeicherkraftwerks

Inhalt

A. Das Projekt Jochbergspeicher

Der Jochberg ist ein 1565 hoher Berg am Walchensee im Landkreis Bad Tölz Wolfrats-
hausen in der Nähe von München. Er gilt als sehr beliebtes Ausflugsziel. An der Stelle
der beliebten Alm, wie sie auf dem Titelbild zu sehen ist, ist ein Wasserspeicherbecken
mit einem Fassungsvermögen von drei Millionen Kubikmetern Wasser geplant. [1]
Es würde damit ähnliche Ausmaße haben, wie der geplante und umstrittene Speicher
Riedl an der Donau im Landkreis Passau.[2]
Das auf dem Titelbild zu sehende, beliebte Ausflugslokal würde bei einer Realisierung
des Projekts komplett
unter Wasser liegen.
Das Projekt führt ak-
tuell (2013) zu starken
Diskussionen zwischen
den Planern, in diesem
Fall die Energieallianz
Bayern (Zusammen-
schluss von insgesamt
32 Unternehmen), der
Bevölkerung und ver-
schiedenen Verbänden.
Es kristallisiert sich ein
Zwiespalt heraus. Denn
auch die Gegner des
Projekts sind für die
Energiewende, aber
eben gegen einen solch
enormen Eingriff in die
sensible Landschaft
des Alpenraums. Ge-
gen das Projekt läuft
unter Anderem eine Pe-
tition auf change.org.[3]

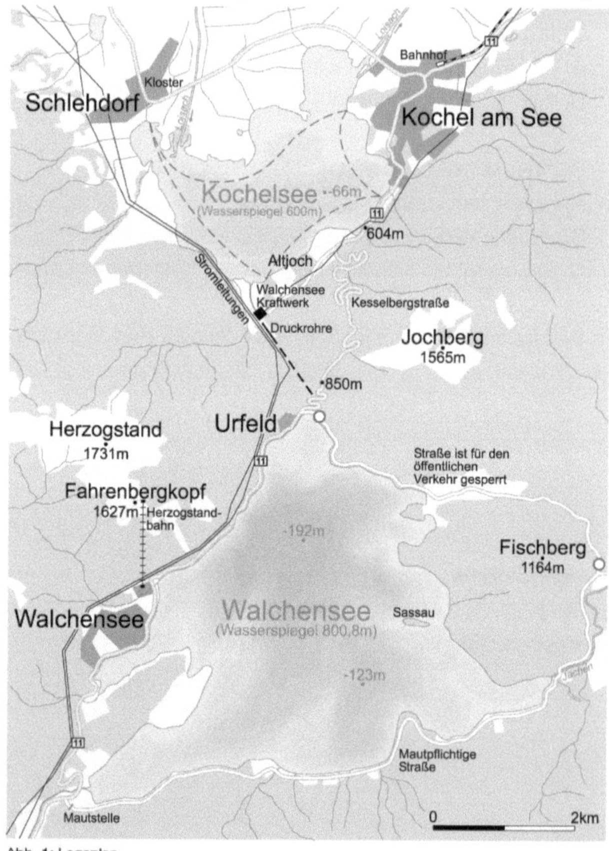

Abb. 1: Lageplan

1 Vgl. Bayericher Rundfunk: Sendung Quer (Ausstrahlung Donnerstag, den 07. März 2013)

2 Vgl. Pumpspeicherkraftwerk Riedl: http://www.energiespeicher-riedl.com

3 Vgl. Petition: http://www.change.org/de/Petitionen/keine-genehmigung-für-ein-pumpspeicherkraftwerk-am-jochberg

B. Pumpspeicherkraftwerke

Pumpspeicherkraftwerke, wie es auch am Jochberg geplant ist, sind eine Art Batterien für die Erneuerbaren Energien. Also Speicher, welche die von Windenergieanalgen, Photovoltaikanlagen und Ähnlichen erzeugte, nicht direkt verbrauchte Energie, zwischenspeichern können. Sie gleichen so Schwankungen aus und verhindern einerseits eine Überlastung im Stormnetz, ohne dass Windräder oder Photovoltaikanlagen aus Grund von Überproduktion vom Netz genommen werden müssen, und speisen andererseits, bei Energiebedarf Strom ins Netz zurück.
Pumpspeicherkraftwerke sind heute die einzige, technologisch erprobte, wirtschaftlich und ökologisch tragfähige Energiespeicher-Methode.[4]
Ein Pumpspeicherwerk hat im Allgemeinen als Hauptbestandteile ein sogenanntes Ober- und ein Unterbecken, zwischen denen Wasser hin und her befördert wird. Mit überschüssigem Strom aus dem Netz wird zunächst die Pumpe im Krafthaus angetrieben, um Wasser vom Unter- in das Oberbecken hoch zu transportieren. Die elektrische-

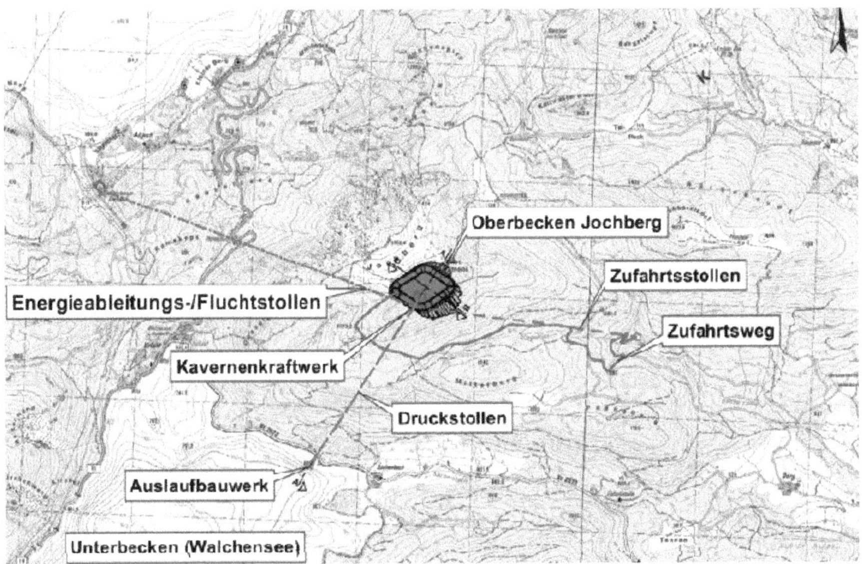

Abb. 2: Übersichtplan Pumpspeicherkraftwerk am Jochberg

4   DENA: Dialogforum Pumpspeicher. in: http://www.dena.de/fileadmin/user_upload/Veranstaltungen/2012/Vortraege_Pumpspeicher/Potenziale_und_Repowering_von_PSW_Grether_Voith_Hydro.pdf (12.05.2013)

Energie ist somit in Form von potentieller (Höhen-) Energie des Wassers gespeichert. Besteht ein Stromdefizit im Netz, kann diese potentielle Energie wieder in elektrische umgewandelt werden, indem das Wasser auf dem Weg vom Ober- zum Unterbecken eine Turbine antreibt. Pumpspeicherwerke können hierbei einen Gesamtwirkungsgrad von bis zu 80 % erreichen.

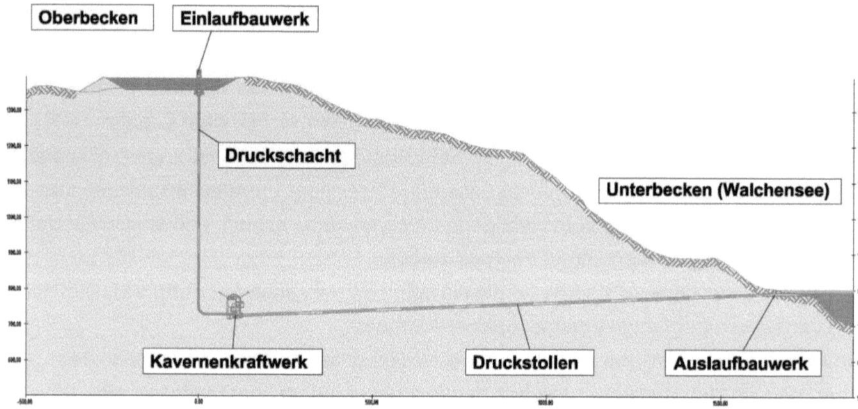

Abb. 3: Schema Funktionsweise Pumpspeicherkraftwerk am Beispiel Jochberg

Im Folgenden ein paar Bilder von existierenden Pumpspeicherkraftwerken mit Fokus auf dem künstlichen Oberbecken und der Angabe des Fassungsvermögens.
Zum Vergleich nochmal zur Erinnerung: Das Oberbecken des Jochberg-Speichers ist mit einem Fassungsvermögen von drei Millionen Kubikmetern Wasser geplant.

Abb. 4: Oberbecken in leerem Zustand, Pumpspeicherwerk Markersbach, Fassungsvermögen 6,5 Millionen m³

Abb. 5: Oberbecken, Pumpspeicherwerk Rönkhausen, Fassungsvermögen: 1,3 Millionen m³

Abb. 6: Oberbecken, Pumpspeicherwerk Wendefurth, 2 Millionen m³

Abb. 7: Oberbecken, Pumpspeicherwerk Goldisthal, größtes Wasserkraftwerk Deutschlands, Fassungsvermögen: 12 Millionen m³

A. Landschaftsästhetik

Wie anhand der Bilder zu sehen, stellen Pumpspeicherkraftwerke, besonders ihr Oberbecken, einen massiven Eingriff in das Landschaftsbild dar. Bei den Becken handelt es
sich meist um Betonkonstruktionen, die hier wie eine riesige Badewanne in die Landschaft gepflanzt werden. Dadurch kann kein natürlicher Bewuchs entstehen. Durch den
häufigen Wasserwechsel ist auch die Entstehung eines naturnahen Ökosystems im
Gewässer unmöglich.
Hauptkritikpunkt ist demnach, neben der erheblichen Veränderung des Landschaftsbildes durch solche Anlagen, der Eingriff in die Flora und Fauna.

Bevor hier näher auf die visuelle Wirkung und die Veränderung des Landschaftsbildes
eingegangen wird, eine kurze Erläuterung zur Landschaftsästhetik.

In der Landschaftsästhetik lassen sich drei klassische Kategorien und eine vierte, in
diesem Zusammenhang sehr wichtige, Kategorie nennen:[5]

1. Landschaft als unendliche, gewaltige Natur, die der Anschauende unter Einsatz
   seiner Vernunft doch nicht als bedrohlich, sonder als moralisch erhebend
   empfindet (Schluchten, Abstürze, Massive, Gewitter, Stürme, Fluten)

2. Landschaft als angenehme Natur, die alle Bedürfnisse befriedigt (das heisst
   evolutionsbiologisch günstig ist: Graslandschaft, Waldrand, Strand, Oase etc.)

3. Landschaft als malerische Szenerie, bei der wir wie bei einem Kunstwerk
   annehmen, dass sie jedermann ohne konkretes Begehren oder Interesse
   gefällt (arkadische Landschaft)

4. gute Landschaft, in der ein gelingendes Kultur-Natur-Verhältnis sinnstiftend erkennbar wird (nachhaltige und verheißende Kultur- und Stadtlandschaften)

Ob nun eine Landschaft überhaupt als ästhetisch angesehen wird hängt natürlich noch
von vielerei Faktoren, wie die momentane Situation und Stimmung, einer Vorprägung,
einer inidividuellen und der kolletiven Einstellung einer Gesellschaft und so weiter ab.

---

5 Vgl. Schöbel, Sören: Windenergie & Landschaftsästhetik. Berlin 2012; S. 27

Zurück zu den Pumpspeicherkraftwerken. Schaut man sich die Bilder von Seite 7 noch
einmal an, kann man sich die Frage stellen, welcher Kategorie der Landschaftsästhetik
man diese Veränderungen der Landschaft zuordnen könnte.
Kategorie 3 kommt eher nicht in Frage. Aber was ist mit Kategorie 1. Könnte man die
massive Konstruktion nicht als etwas künstlich Erhabenes betrachten? Eine künstliche
Verformung der Landschaft an dieser Stelle zu einer erhabenen Erscheinung. Problem
ist hier natürlich die Künstlichkeit, die im Gegensatz zu gewaligen Formungen der Natur, eher keine erhabene Wirkung hat.
Oder sollte man besser sagen, noch keine. Hier kann man neugierig sein, ob und wie
sich dies verändert, wenn das Bauwerk irgendwann nur noch in ruinierter Form zu
finden ist. Ein von der Natur zurückerobertes Kraftwerk dieser Art stelle ich mir sehr
spannend vor.
Kategorie 2? Idylischer See mit grünen Ufern und blauem Wasser? Vielleicht wird es
Zeit für eine Bierwerbung am Oberbecken eines Pumpspeicherkraftwerks. [6]
Aber das Inszenieren eines solchen Kraftwerks zu einen angenehmen Ort in der Reali-
tät ist wohl auch nicht die Lösung.

Somit ist die vierte Kategorie die Entscheidende. Ein gelingendes Kultur-Natur-Ver-
ständnis ist notwendig. Dies wird auch in der momentanen Diskussion zu dem Jochberg-Projekt deutlich. Legt man die Bedingungen für ein glingendes Kultur-Natur-Verhältnis zu Grunde: harmonisches Ganzes, vorteilhaft für die Gemeinschaft, permanete
Strukturen erhalten und schaffen, weitere Möglichkeiten erhalten und erschaffen sowie
durch Andersartigekeit, eine eigene Idenetität, einen spezfischen Landschaftscharakter
generieren.

So steht im öffentlichen Diskurs die postiv gesehende Energiewende mit dem Ver-
ständnis für die dafür notwendigen Energiespeicher auf der einen, der massive
Eingriff in die Landschaft auf der anderen Seite. Aufgabe ist es jetzt bei der Planung ein
gelingendes Natur-Kultur-Verhältnis ästhetisch erfahrbar zu machen und dem Eingriff
somit einen Sinn, nicht nur aus energiewirtschaftlicher und technischer Sicht, zu geben.

---

6 Anspielung auf die allgemein bekannte Bierwerbung der Firma Krombacher mit der dem darin als natürlich dargestellen See,
   bei dem es sich in Wirklichkeit um eine Talsperre handelt.

B. Visuelle Wahrnehmung von Pumpspeicherkraftwerken

Die visuelle Wahrnehmung des Oberbeckens ist einmal natürlich abhängig vom Stand-
punkt. Die Perspektive des Bildes unten, wird man wohl eher selten sehen. Allerdings
zeigt sie, wie diese „Riesen-Badewanne" umkreist von Zufahrts- und Wartungsstraßen,
einen Fremdkörper darstellt. Dieses Oberbecken, das Hornbergbecken, des Kraftwerks
„Wehr" sieht man auf den beiden Bilder rechts noch in zwei anderen, gewöhnlicheren
Perspektiven. Vom Rand des Beckes und aus der Umgebung.
Bewegt man sich also in der Umgebung des Oberbeckens, bleibt dieses unsichtbar,
umringt von einem extra gepflanzen Baumgürtel. Kennt man den Ort nicht, sieht man
einen Wald und würde hier keine zirka 40 m hohe Betonwanne erwarten. Das mächti-
ge Oberbecken, wird hier also versteckt. Da findet man sich schnell in der bekannten
Schlussszene des James Bond Films „Golden Eye" wieder, in der der Hauptdarsteller
eine versteckte, geflutete Teleskopschüssel (Arecibo Observatory) entdeckt. Eine mög-
lichst unsichtbar für die Umgebung geschaffene Konstruktion in der Landschaft.
Ob ein Integrieren in die bestehende Landschaft durch Verstecken der richtige Weg ist,
um die Aktzeptanz dieser Energiespeicher zu fördern und ein gelingendes Kultur-Natur-
Verhältnis zu ermöglichen, ist meiner Meinung nach eher fraglich.
Ein Verstecken begrenzt die räumliche Ausseinandersetzung dieses Baukörpers mit
seiner Umgebung und vor allem den dort lebenden Menschen, aber auch die gesamte
öffentliche Diskussion und die Neuplanung solcher Speicher.
Hierfür wäre eine „offene Integration" in die jeweilige Region denkbarer, also Maßnah-
men, wie ein direkter Zugang, eine Verbindung mit Freizeitaktivitäten, Ausbildung als
Ausflugsziel und Ähnlichem. Zum Versuch so einer Konzeption, siehe Kapitel 3. v**C.**

Abb. 8: Hornbergbecken des Kraftwerks „Wehr" in geleertem Zustand

Abb. 9: Hornbergbecken des Kraftwerks „Wehr" in geleertem Zustand, gut zu sehen in dieser Perspektive der Waldgürtel

Abb. 10: Hornbergbecken des Kraftwerks „Wehr" mit Wasserstand. Blick vom Beckenrand.

Abb. 11: Hornbergbecken des Kraftwerks „Wehr" aus Sicht außerhalb des Waldgürtels

Regeln für ein sinnvolles Einfügen in bestehende Landschaften

Im Folgenden sollen die Grundregeln dialogischer Windenergieplanung[7], welche sich insbesondere an der oben beschriebenen vierten Kategorie hinsichtlich der Landschaftsästhetik orientieren betrachtet werden, im Bezug darauf inwieweit eine Übertragung auf Pumpspeicherkraftwerke möglich ist.
Dabei wird zunächst die Regel aufgeführt und dann hinterfragt ob diese auch bei Pumpspeicherkraftwerken anwendbar ist und in welcher möglichen Form.

1 LANDSCHAFTLICH EINFÜGEN

Die Anlagen sollen sich in die vorhandenen Strukturen von Landschaft integrieren. Ein Bezug zum landschaftlichen Kontext muss hergestellt werden und die Proportionen zwischen Anlage und der Landschaftsstrukturen müssen stimmen.[8]

Durch das Integrieren in landschaftliche Strukturen soll die Wahrnehmung als Fremdkörper minimiert werden. Bei Windenergieanlagen bieten sich hier natürlich andere Spielräume an, als es bei einem Pumpspeicherkraftwerk der Fall ist. So sind Erstere freier in ihrer Zuordnung zu bestehenden Strukturen. Der Speicher eines Pumpspeicherkraftwerks benötigt ein Unterbecken, meist ein vorhandenes Gewässer und einen gewissen Höhenunterschied.
Nach der Regel sollen die Anlagen Strukturen der Naturlandschaft folgen und den jeweiligen Charakter historisch gewachsener Landschaften hervorheben.
So gesehen wäre eine Planung in einer bereits natürlich vorhandenen Senke beziehungsweise in einem Gebiet geprägt von solchen Tälern und Seeflächen optimaler.
Siehe dazu das Bild rechts oben.

2 VIELFALT ERMÖGLICHEN

Die Vielfalt sowohl der Natur wie auch der Kultur sollte nicht verringert werden, sondern es sollen sich kulturelle Nutzungen und natürliche Biotope enfalten und diversifizieren können. [9]

Ein Dominieren durch die Anlage soll verhindert werden. Anderen Nutzungen muss ein gleichwertiger, erkennbarer Strukturanteil am Raum zuteil werden.
Die Größe der Anlage, insbesondere des Oberbeckens sollte sich daher auch an den in der Umgebung vorzufindenden Proportionen orientieren. Die Mauerwände,

---

7 Vgl. Schöbel, Sören: Windenergie & Landschaftsästhetik. Berlin 2012; S. 135 ff.
8 Vgl. Schöbel, Sören: Windenergie & Landschaftsästhetik. Berlin 2012; S. 135 ff.
9 Vgl. Schöbel, Sören: Windenergie & Landschaftsästhetik. Berlin 2012; S. 135 ff.

Abb. 12: Bergsee

Zufahrtswege und andere Einrichtungen, die mit dem Bau zusammenhängen sollten
nicht abgeschottet werden sondern einen erweiterten Nutzen bieten.
Damit wird die Vielfalt erhöht und neue Nutzungen angeboten.
Wie nötig dies ist, um Sinnhaftigkeit und eine Akzeptanz zu ermöglichen zeigt sich
auch am Projekt Jochberg. So ist die bereits beim Kapitel „Visuelle Wahrnehmung..."
angesprochene Abgrenzung des Oberbeckens ein Kritikpunkt. In der, in der Einleitung
erwähnten Petition, lautet es: „ Damit das betonierte, **abgesperrte** Becken auf 1400
m Höhe 3 Mio. m3 Wasser fasst, sollen rund 20 Hektar sensible Fläche am Berg ver-
siegelt werden."[10]
Besondere Relevanz bekommt dies hier, da die Jocher-Alm und somit die Stelle an der
das Oberbecken geplant ist, ein, wie bereits erwähnt, sehr beliebtes Ausflugsziel ist.
Assoziationen wie „Zerstörung unseres Ausflugsziels", „Absperrung eines beliebten
Ortes" und Ähnlihches verstärken die Gegenbewegung.

3 GEMEINWILLEN ZEIGEN

*Die Anlagen können so in die Landschaft angeordnet werden, dass dieser Anordnung
ein Gemeinwille gegenüber Pratikularinteressen repräsentiert wird.[11]*

Das Einfügen der Anlage bezieht sich auf kollektive Landschaftsstrukturen. Dazu ge-
hört die Morphologie der Naturlandschaft (nicht vom Menschen geschaffen) und die
Texturen der Kulturlandschaft (gemeinschaftlich vom Menschen geschaffen).
Der Gemeinwille ist bei Ersterem überregional und bei Zweiterem regional.

---

10 Vgl. http://www.change.org/de/Petitionen/keine-genehmigung-für-ein-pumpspeicherkraftwerk-am-jochberg
11 Vgl. Schöbel, Sören: Windenergie & Landschaftsästhetik. Berlin 2012; S. 135 ff.

Bei den Pumpspeicherkraftwerken ist hauptsächlich die Morphologie der Naturland-schaft und somit der überregionale Gemeinwille mit dem Regionalen bedeutend.

Denn im Gegensatz zu Windenergieanlagen, hat ein Speicherbecken natürlich eine ganz andere Dimension und kann nicht wie Erstere relativ flexibel kommunalen Interes-sen nachkommen und zum Beispiel Gemeinden zugeordnet werden.

Bei der Planung ist daher ein überregionaler Gemeinwille zu berücksichtigen. Das zeigt sich auch in den intensiven öffentlichen, auch in den Medien verfolgbaren, landeswei-ten Dikussionen bei der Neuplanung eines solchen Speichers.

4 EIGENART ERHALTEN

Die Anlagen können so in der Landschaft angeordnet werden, dass die Eigenart der Landschaft erhalten wird. Dabei sollen Regeln für „typische" Natur- und Kulturland-schaftsstrukturen und Konzepte für „spezifische" Eigenarten historisch gewachsener Charakterlandschaften entwickelt werden. [12]

Der Charakter der gewachsenen Landschaft soll erhalten bleiben. In diese Fall, also bei der Jocheralm, wäre das die Bayrischen Voralpen. Das Gebirge bleibt mit den Höhen seiner Gipfel meist unter 2000 m.Ü NN.

5 DIALOGE FÜHREN

Die Anlagen können so in der Landschaft angeordnet werden, dass dies in einem offe-nen - gesellschaftlichen und geschichtlichen - Dialog geschieht. [13]

Die Planer müssen sich intensiv mit den gegebenen Strukturen und Eigenschaften der Landschaft auseinandersetzen. Die Planungen müssen transparent und öffentlich, in Falle der Pumpspeicherkraftwerke in einem regionalen als auch überregionalen Dis-kurs, besprochen werden.

---

12 Vgl. Schöbel, Sören: Windenergie & Landschaftsästhetik. Berlin 2012; S. 135 ff.
13 Vgl. Schöbel, Sören: Windenergie & Landschaftsästhetik. Berlin 2012; S. 135 ff.

6 ZUSAMMENHÄNGE SCHAFFFEN

Die Anlagen können so in die Landschaft angeordnet werden, dass sie Teil eines ganzheitlichen Konzepts sind, das Geschichte und Zukunft, Kultur und Natur, Gesellschaft und Planung in der Landschaft verbindet. [14]

Die Regel 1-5 müssen als zusammenhängenes Konzept betrachtet werden.

7 SINN STIFTEN

Die Anlagen können so in die Landschaft angeordnet werden, dass sie Sinn stifen, indem sie sinnfällig (gut wahrnehmbar und verständlich), sinnhaft (mit Bedeutung verbunden) und sinnvoll (als intelligente Veränderung) sind und sich als solches ästhetisch vermittteln. [15]

Wenn die Regeln 1-6 konsequent beachtet werden, dann ist ein gelingendes Kultur-Natur-Verhältnis erkennbar und der Bau vermittelt eine ästhetisch wahrnehmbare Sinnhaftigkeit, welche eine hohe gesellschaftliche Akzeptanz erfährt.

Diese Grundregeln wurden, wie gesagt, für die Planung von Windenergieanlagen erarbeitet. Es wurde kurz unter die jeweilgen Regeln notiert, was hier bei Pumpspeicherkraftwerken angenommen werden kann, beziehungsweise in welcher Richtung die Regel sich diesbezüglich leicht verändern würde.
Im Folgenden sollen die Regeln beispielhaft für die Planung des Pumpspeicherkraftwerks am Jochberg besprochen werden.

---

14 Vgl. Schöbel, Sören: Windenergie & Landschaftsästhetik. Berlin 2012; S. 135 ff.
15 Vgl. Schöbel, Sören: Windenergie & Landschaftsästhetik. Berlin 2012; S. 135 ff.

03 Beispielhafte Konzeption und Potentiale für den Jochberg

Besprechung der Regeln am Beispiel des Jochberg-Projekts

Im Folgenden soll die konkrete Situation am Jochberg beleuchtet und beispielhaft, in Zusammenhang mit den im vorhergehenden Kapitel beschriebenen Regeln, Möglichkeiten zur sinnvollen Intergration des Oberbeckens aufgezeigt werden.

Im Bild unten ist nochmal die genauere Lage des geplanten Oberbeckens zu sehen, an dessen Stelle sich, wie bereits mehrfach erwähnt, dass Ausflugsziel Jocher-Alm befindet. Es handelt sich bei der gewählten Lage um eine Mulde an der das Betonbecken gebaut werden soll. Es bietet sich einem ein wunderbarer Ausblick, an Stellen knapp oberhalb der Jocher-Alm, auf den Walchensee.

Hauptproblem beziehungsweise Kritikpunkt sind die enormen Ausmaße des Speichersees mit einer Fläche von 22 ha. [16] Um das geplante Fassungsvermögen von 3 Millionen Kubikmeter Wasser zu ereichen ist eine Beckentiefe von zirka 20 Meter nötig mit maximaler Dammhöhe von 35 Metern.

Abbildung 7 zeigt die ungefähre Flächen-Dimension eines solchen Beckens an der geplanten Stelle. Das Verhältnis zur winzig wirkenden Jocher-Alm, verdeutlich die Ausmaße.

Wie könnte man an dieser Stelle also einen solch starken Eingriff, wie die Errichtung eines Oberbeckens, so integrieren, dass ein gelingendes Natur-Kultur-Verständnis erkennbar wird.

---

16 http://www.sueddeutsche.de/bayern/plaene-fuer-kraftwerk-am-jochberg-ein-gigantischer-eingriff-in-die-natur-1.1595222

Abb. 13: Lage in der Perspektive

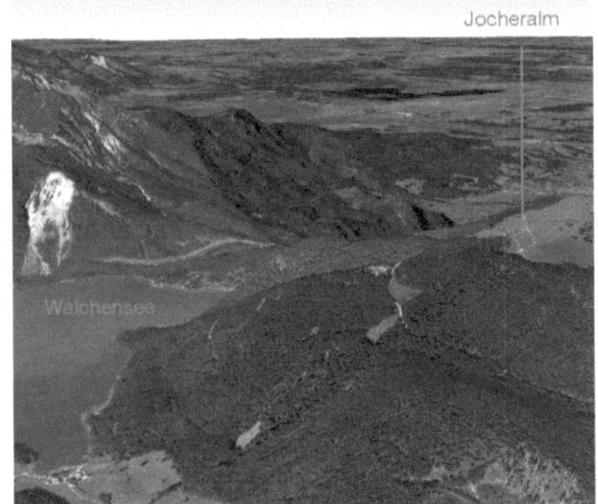

Abb. 14: Lage in der Perspektive aus Richtung Jochenau

Abb. 15: Blick auf die Jocher-Alm in Richtung Jochberg

Abb. 16: Blick auf den Walchensee von etwas oberhalb der Jocher-Alm

Abb. 17: Lage der Jocher-Alm und Position des geplantes Becken

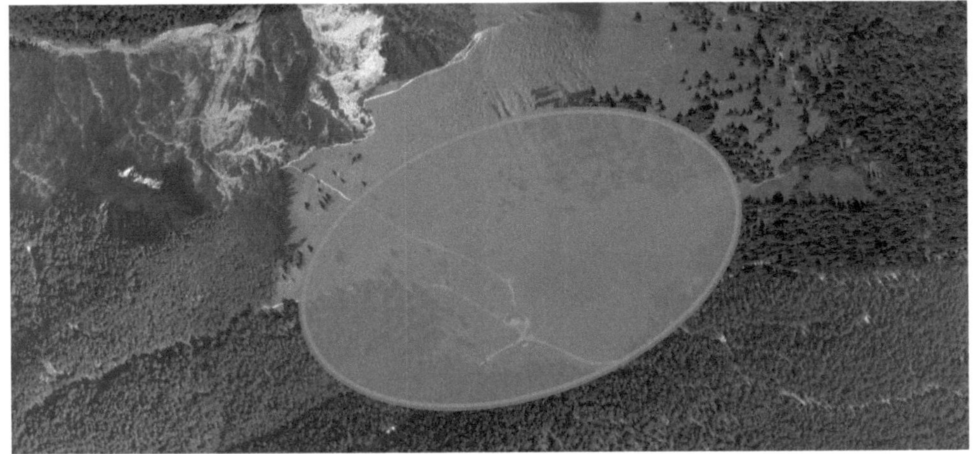

Abb. 18: ungefähres Ausmaß des Beckens

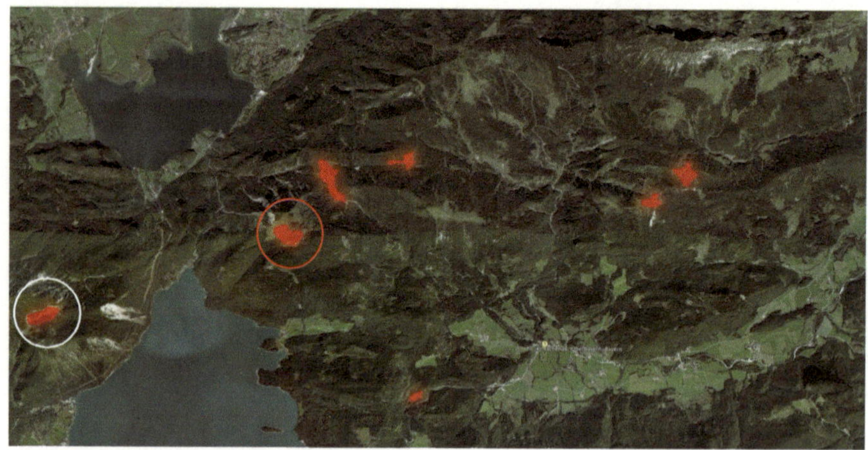

Abb. 19: Senken in der Umgebung mit ähnlicher Struktur wie an der Jocher-Alm Stelle

zu REGEL 1: LANDSCHAFTLICH EINFÜGEN

Die geplante Stelle für den Bau befindet sich an einer leichten Mulde, was erstmal von Vorteil ist. Auch Grenzen, wie auf den Bildern zu sehen, ähnliche Talformen an.

Wie in Abbildung 8 zu sehen, wurden acht ähnliche Talformen, die von ihrerer Art, der Stelle am Jochberg ähneln, in der Region gefunden. Auch die Bebauung in Form eines Gebäudes mittig der Senke und den damit einhergehenden Wegeverbindungen in den waldlosen Flächen, weisen starken Parallelen zu der Situation am geplanten Bebauungsort für das Oberbecken am Jochberg auf.

Die Stelle, die für den Speicher gewählt wurde, erscheint hier recht venünftig im Hinblick auf das Einfügen des Elements in die bestehende Landschaft. Sie liegt natürlich günstig zum Walchensee, welcher als Unterbecken dient. Allerdings stellt das Spei-

Abb. 20: Alternative Stelle für ein Oberbecken

cherdecken, aufgrund seiner enormen Größe, wie bereits dargestellt einen dominaten Fremdkörper da.

Eine Alternative wäre (aus der Sicht dieser Analyse und im Hinblick auf die Einfügbarkeit in vorhandene Landschaftsstrukturen; auf die technische Realisierbarkeit an dieser Position wird hier nicht eingegangen) eine Senke am gegenüberliegenden Ufer mit zirka der gleichen Entfernung zum Walchensee, siehe weißer Kreis in Abbildung 8 und Detailansicht in Abbildung 9. Vorteil der Alternative wäre, dass das Ausflugsziel Jocher-Alm nicht angetastet werden würde und, unter Vorbehalt der technischen Möglichkeit zur Ausführung, sich ein Becken gut in die bereits vorhande Senke einfügen könnte, da die Alternativ-Stelle bereits eine Art „Beckenform" besitzt.

Zum Vergleich einmal die Höhenprofile, jeweils über eine Strecke von 500 Meter der beiden Situationen. Als erstes die Situation am Jochberg und der geplanten Stelle.

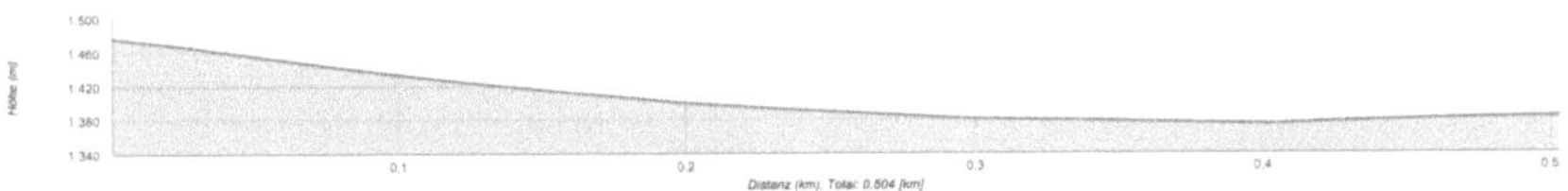

Abb. 21: Höhenprofil, Situation am Jochberg auf einer Strecke von 500m

Man sieht, dass hier zwar eine Erhöhung in Richtung Jochberg vorliegt, aber das Profil in Richtung Wald flach ausläuft und keine merkliche Steigung mehr zu sehen ist. Die Senkensituation ist hier, lässt man den angrenzenden Wald als Randelement einmal außen vor, relativ einseitig.

Abb. 22: Strecke für Höhenprofil, Situation Jochberg

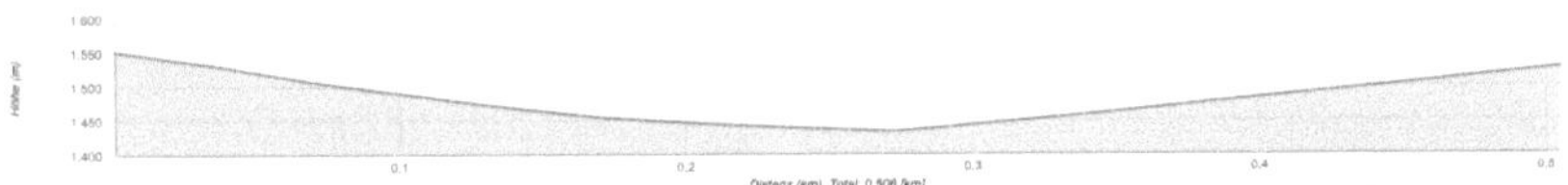

Abb. 23: Höhenprofil, Situation an Alternativstelle auf einer Strecke von 500m

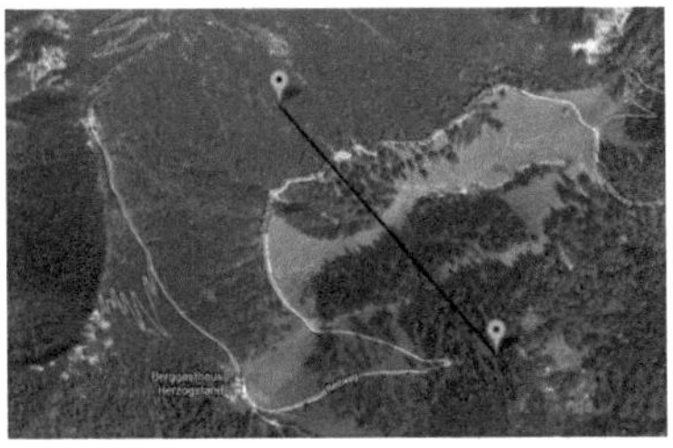

Die alternative Stelle, welche insgesamt etwas höher liegt, weisst eine wesentlich signifikantere Senkensituation auf, als die geplante Stelle. Eine Integration, im Hinblick auf die vorliegenen Reliefformung, wäre hier also günstiger.
Auch die Größe dieser Geländeausformung würde zirka zu dem geplanten Volumen passen.

Abb. 24: Strecke für Höhenprofil, Situation Alternativstelle

Um der REGEL 1 gerecht zu werden, sollte das Speicherbecken bereits vorhandenen Strukturen folgen. Hier sind die Ausbildungen der anderen Senken zu betrachten. Das Becken sollte demnach keine zu geometrische Form besitzen sondern sich mit seinem Randverlauf der lokalen Grenzen, also hier der Waldrand auf der einen Seite und die Steigung zum Jochberg hin auf der anderen Seite, anpassen. Es kommt somit der Form eines Bergsees nahe.

zu REGEL 2: VIELFALT ERMÖGLICHEN
Um ein Dominieren zu verhindern, soll es nach dieser Regel andere Nutzungen und Strukturen geben, die dem Element ebenbürtig sind.
Hier gäbe es die Möglichkeit die besagte Jocher-Alm zu erhalten und überhalb der jetztigen Stelle zu platzieren mit Blick auf den Walchensee als auch auf das Speicherbecken. Das Element Speicherbecken sollte eine Attraktion in Verbindung mit der Jocher-Alm und dem Walchensee darstellen. Also ein Plus darstellen und kein Minus im Bezug auf die Qualitäten der Umgebung.
Zufahrtswege zum und vom Speicherbecken, sollten an die „neue" Jocher-Alm angeschlossen werden und der Beckenrand als erhöhter Rundweg ausgebildet werden.
Auf keinen Fall, sollte, wie es beim Hornbergbecken der Fall ist (siehe Kapitel 2), eine Abschottung, sei es visuell und / oder mittels Absperrungen erfolgen.

Ein unter diesen Prämissen gestaltetes Szenario könnte wie rechts in den Skizzen gezeichnet, aussehen:
Das Speicherbecken passt sich hierbei den Randstrukturen des vorhandenen Waldes im Süden und dem Geländeverlauf im Norden, soweit möglich an. Der Beckenrand wird als öffentlich zugänglicher Rundweg ausgebildet, welcher an das bestehende Wegenetz angschlossen wird. Um auch, wie vor dem Bau, die Jocher-Alm von den von Süden kommenden Wegen schnell zu erreichen gibt es eine Brücke / Steg über das Becken. Diese führt zu einer Plattform im Norden auf der sich die neue Jocher-Alm befindet. Die Plattform ist auf einer Höhe mit dem Beckenrand und bietet durch ihre nun erhöhte Stelle einen guten Blick auf den Walchensee. Letzterer ist auch auf dem Brückenübergang zu sehen. Im Norden befindet sich auf der Böschung paralell zum Beckenrand eine Baumreihe, welche eine Art Promenade im Bereich der Jocher-Alm schafft. Südlich der Jocher-Alm führen große Stufen von der Plattform in das Becken, welche je nach Wasserstand einen Wasserzugang ermöglichen. Ziel dieser Konzeption ist ein Verbinden einer technischen Einrichtung mit den Werten eines Ausflugsziels und Erholungsbereichs mit realtivem geringem Aufwand im Verhältnis zu dem gesamten Bauprojekt. Auch dem starken Kritikpunkt der Gegner des Projekts, dass bei geändertem Energiebedarf der Speicher nicht mehr benötigt wird und ein Rückbau unwahrscheinlich ist, kann hiermit entkräftet werden. Denn bei einem hohen Freizeitwert

und der hier vorgeschlagenen Gestaltung ist eine spätere Stilllegung anders zu sehen. So könnte man das Becken komplett Fluten und den Ablauf versiegeln. Es würde ein Bergsee entstehen, dem man mit der Zeit wohl kaum noch ansehen wird, dass er einmal ein technischer Bau war. Dieser würde sich aufgrund seiner Lage und der Einbindung sicherlich einer großen Beliebtheit erfreuen.

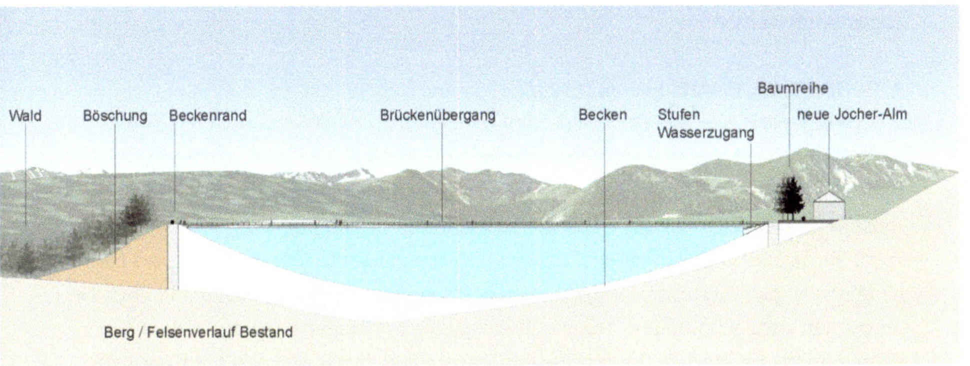

Abb. 25: Skizze: Schnitt AA', Blick Richtung Walchensee

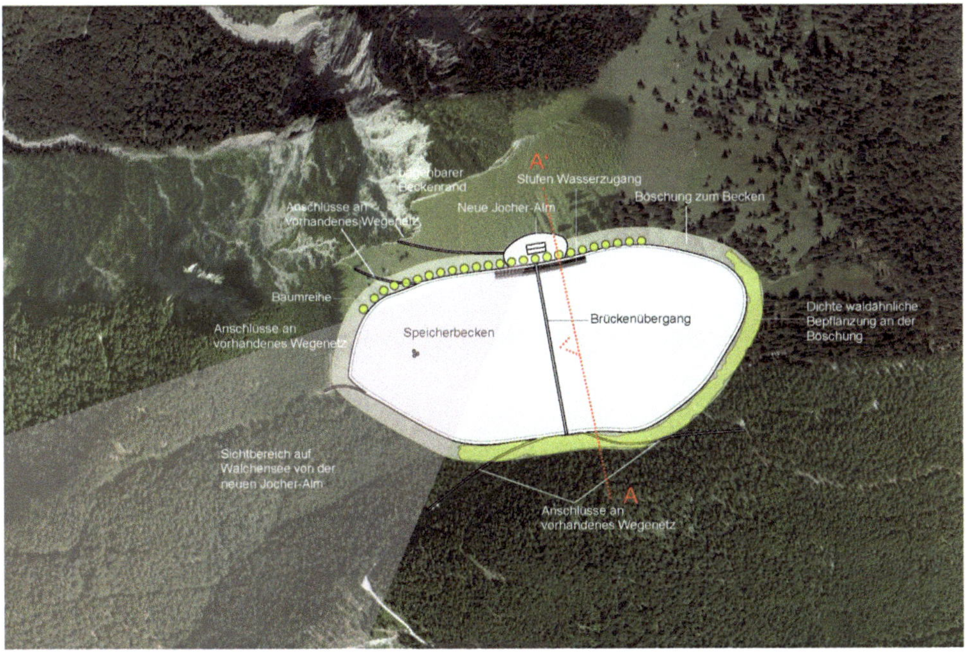

Abb. 26: Skizze: Grundriss Konzept

zu REGEL 3: GEMEINWILLEN ZEIGEN

Diese Regel schließt sich der Regel 2 an. Das Speicherbecken aufgrund seiner Größe
und Lage eine überregionales Element muss auf dieser Ebene einen Gemeinwillen auf-
zeigen um nicht als Groß-Projekt der Energiewirtschaft wahrgenommen zu werden.
Dazu sind die umliegenen Gemeinden, wie Jochenau etc. in die Planung einzuschlie-
ßen. Das unter „zuREGEL2" gezeigte Beispiel der neuen Positionierung der Jocheralm,
sollte in Zusammenarbeit mit den Bürgern der umliegenden Gemeinden erfolgen und
Abgestimmt werden.

zu REGEL 4: EIGENART ERHALTEN

Um die Eigenart, also den Charakter der Landschaft zu erhalten beziehungsweise
zu verstärken sollte das Oberbecken mit den vorhandenen Strukturen in Beziehung
stehen und die spezifischen Eigenarten der gewachsenen Landschaft herausstellen.
Letztere ist in diesem Fall der bayerische Alpenraum beziehungsweise die bayerischen
Voralpen. Solch ein Eingriff stellt zunächst eine empfindliche Störung für diesen Land-
schaftsraum dar. Zunächst, da bei sinnvoller Integration auch ein solches Element zur
Landschaft dazugehören und in Zukunft einmal als ein Bestandteil von Ihr gesehen
werden kann. Ein Beispiel für so eine Integration sind ältere Viadukte der Eisenbahn.
Der unten im Bild zu sehende „Landwasser-Viaktukt" ist eigentlich ein starker anthro-
pogener Eingriff. Heute ist er eine Touristenattraktion und seit 2008 UNESCO Welter-
be.[17] Er wird als ästhetisch schön empfunden und zu dieser Landschaft dazugehörig.
In gewisser Weise stellt er die Eigenart dieser Landschaft heraus.

Abb. 27 : Landwasser-Viadukt der Räthischen Bahn im Schweizer Kanton Graubünden

17 Vgl. http://www.rhb.ch/Landwasserviadukt.1048.0.html

Durch seine gewaltige Höhe und den imposant wirkenden Bögen, betont er die
felsige und durch tiefe Schluchten gekennzeichnete Landschaft. Er verstärkt hier also
den gewachsenen Charakter der Landschaft.

Außerdem hat man fast den Eindruck die Konstruktion entstammt dem Felsen. Denn
die Materialität in Farbe und Struktur des Bauwerks ähnelt sehr der des Felsens und
bildet somit keinen großen Konstrast.

Bei geschickter Konzeption und Planung, wie es weiter oben exemplarisch mit dem
Oberbecken versucht wurde, ist dies auch bei Pumpspeicherkraftwerken möglich.

Ein Charakteristikum der Landschaft um den Jochberg sind nicht, wie im Beispiel der
Viadukte tiefe Schluchten, sondern muldenartige Senken. Durch eine sinnvolle Integration des Oberbeckens in so eine Senkensituation, wird diese Stuktur betont und somit
eine Eigenart dieser Landschaft einerseits erhalten und andereseits verstärkt.

zu REGEL 5: DIALOGE FÜHREN

Der Standort des Oberbeckens und die Realiserung sollte intensiv öffentlich diskutiert
werden. Nach den Recherchen bezüglich des Jochberg-Speicher besteht hier eine zu
einseitige Position seitens der Energiewirtschaft.

Die Notwendigkeit eines Speicherkraftwerks, als eine Folge des Energiewandels, dar-
zustellen halte ich für nicht aussreichend. So quasi wollt ihr den Energiewandel, dann
braucht es diese Speicher. Die Reduzierung auf technische und energiewirtschaftliche
Begründungen, lassen den landschaftsästhetischen Aspekt in den Hintergrund rücken.

Der Protest, am Beispiel der bereits erwähnten Petition zu sehen, wächst und damit
das Unverständis dieses Projekts.

Dieser Widerstand spiegelt sich auch in dem Aktionsbündnis „nochBERG - der Jochberg bleibt"[18] wieder, welches gerade dabei ist einen intensiven Widerstand zu for-
mieren. Allein in dem Namen des Bündnises wird die landschaftliche Bedeutung des
Jochbergs deutlich und betont wie wichtig ein intensiver Dialog mit allen Beteiligten ist.

zu REGEL 6: ZUSAMMENHÄNGE SCHAFFEN

Die in Regel 6 beschriebene Notwendigkeit, um allen vorherigen Regeln gerecht zu
werden, eines ganzheitlichen und großräumigen Konzepts, scheint beim Projekt Jochberg nicht beachtet zu werden.

So bemängeln die Gegenstimmen unter Anderem das Fehlen eines Gesamtkonzepts
für den bayerischen Alpenraum, eines Energiebedarfsplans sowie eine ausreichende
Berücksichtigung des, für die Region enorm wichtigen Tourismus.

Zudem wird die Fixierung auf diese eine und einzige Lösung moniert. Die Darstellung
von Alternativen, welche einen solchen enormen Eingriff eventuell nicht nötig machen,
bleibt bis dato aus. Um jedoch einen sinnvollen öffentlichen Diskurs zu eröffnen ist dies
dringend nötig.

---

18 Vgl. http://www.nochberg.de

Abschließend, und in Hinblick auf REGEL 7, lässt sich sagen, dass sich die Regeln auch auf Pumpspeicherkraftwerke (hier mit Fokus auf dem Oberbecken) transformieren lassen. Und dass auch hier bei Beachtung dieser Punkte eine sehr viel bessere Integration in die bestehende Landschaft möglich sein kann, auch in Einklang mit den Interessen und Ansichten der Bevölkerung und nicht reduziert auf technische, wirtschaftliche und energiepolitische Fragen.

Literaturverzeichnis

Aktionsbündnis „„nochBERG - der Jochberg bleibt!". Zusammenschluss der Gegner des Jochbergprojekts. In: http://www.nochberg.de

Bayerischer Rundfunk: Sendung Quer. Ausstrahlung 7. März 2013Bericht über das Projekt Jochberg mit Darstellung der Planungsverantwortlichen und der Gegenstimmen. In: http://www.br.de/fernsehen/bayerisches-fernsehen/sendungen/abendschau-der-sueden/saa-jochberg-kraftwerk-100.html

Change.org - Petition: Keine Genehmigung für ein Pumpspeicherkraftwerk am Jochberg! von Stephan Bammer. In: http://www.change.org/de/Petitionen/keine-genehmigung-für-ein-pumpspeicherkraftwerk-am-jochberg

DENA (Deutsche Energie Agentur): Dialogforum Pumpspeicher. Pumpspeicherkraftwerken, Alternativen und Konzepte. Berlin 2012. In: http://www.dena.de/fileadmin/user_upload/Veranstaltungen/2012/Vortraege_Pumpspeicher/Potenziale_und_Repowering_von_PSW_Grether_Voith_Hydro.pdf

Der Landwasserviadukt. In: http://www.rhb.ch/Landwasserviadukt.1048.0.html

Pumpspeicherkraftwerk Riedl - Energiespeicher Riedl. Eine Informationseite der Betreiber / Planer Donaukraftwerk Jochenstein AG. Daher eine klare Beschönigung und Bewerbung dieses Projekts. In: http://www.energiespeicher-riedl.com

Schöbel, Sören: Windenergie und Landschaftsästhetik. Berlin 2012

Süddeutsche Zeitung. Sebald, Christian: „Ein gigantischer Eingriff in die Natur". Februar 2013. In: http://www.sueddeutsche.de/bayern/plaene-fuer-kraftwerk-am-jochberg-ein-gigantischer-eingriff-in-die-natur-1.1595222

Süddeutsche Zeitung. Herbke, Stefan: Der Jochberg über dem Walchensee. Mai 2012. In: http://www.sueddeutsche.de/reise/wandern-der-jochberg-ueber-dem-walchensee-1.579317

Süddeutsche Zeitung. Bucher-Pinell, Suse: In zehn Jahren zum Pumpspeicherwerk. Februar 2013. In: http://www.sueddeutsche.de/muenchen/wolfratshausen/jochberg-in-zehn-jahren-zum-pumpspeicherwerk-1.1612775

Süddeutsche Zeitung. Bucher-Pinell, Suse: Jochberg: Viele Fragen offen. Februar 2013. In: http://www.sueddeutsche.de/muenchen/wolfratshausen/geplantes-pumpspeicherwerk-jochberg-viele-fragen-offen-1.1610717

Süddeutsche Zeitung.. Meixner, Isabel: Petition gegen Jochberg-Projekt. Juni 2013. In: http://www.sueddeutsche.de/muenchen/wolfratshausen/geplantes-pumpspeicherwerk-petition-gegen-jochberg-projekt-1.1693305

Abbildungsverzeichnis